这本书的主人是：

航天员 _____

献给我的妈妈，你就是我的太阳！——斯泰西·麦克诺蒂

献给斯坦利、艾米丽和埃利斯，你们就像太阳一样，给我的生活注入满满的活力和喜悦。
——史蒂维·李维斯

献给冥王星，不管你的身份如何转变，你都是太阳系大家庭的一分子。——太阳

本书中文简体版专有出版权由Macmillan Publishing Group, LLC, d/b/a Henry Holt and Company授予电子工业出版社，未经许可，不得以任何方式复制或抄袭本书的任何部分。

版权贸易合同登记号　图字：01-2024-3151

图书在版编目（CIP）数据

太阳：生命之源 / （美）斯泰西·麦克诺蒂著；（美）史蒂维·李维斯绘；张泠译. -- 北京：电子工业出版社, 2024. 10. -- （我的星球朋友）. -- ISBN 978-7-121-48762-0

Ⅰ. P182-49

中国国家版本馆CIP数据核字第2024BY0950号

审图号：GS京（2024）1994号
本书插图系原书插图。

责任编辑：耿春波
印　　刷：北京缤索印刷有限公司
装　　订：北京缤索印刷有限公司
出版发行：电子工业出版社
　　　　　北京市海淀区万寿路173信箱　邮编：100036
开　　本：889×1194　1/12　印张：23.5　字数：119千字
版　　次：2024年10月第1版
印　　次：2024年10月第1次印刷
定　　价：168.00元（全7册）

凡所购买电子工业出版社图书有缺损问题，请向购买书店调换。若书店售缺，请与本社发行部联系，联系及邮购电话：（010）88254888，88258888。

质量投诉请发邮件至zlts@phei.com.cn，盗版侵权举报请发邮件至dbqq@phei.com.cn。

本书咨询联系方式：（010）88254161转1868，gengchb@phei.com.cn。

太阳

一千亿里挑一

[美] 斯泰西·麦克诺蒂/著 [美] 史蒂维·李维斯/绘

张冷/译 大宝老师/审

生命之源

电子工业出版社·
Publishing House of Electronics Industry
北京·BEIJING

很久以前，**大概46亿年前，**
一颗无比伟大且至关重要的恒星诞生了。

这颗伟大又重要的恒星就是我——
你们的太阳！

我，是一颗**恒星**。

恒星：1.体型巨大、会发光、充满能量
和气体的大球；

2.天赋异禀、才华超群、广受欢迎。
这两点，我都符合。

银河系中有

1000亿颗恒星。

我！

我不过是其中千亿分之一，呃……或者说

我是 "一千亿里挑一" 的那颗星。

论体型，我不是最高大的。那又怎样呢？

论亮度，我不是最闪亮的。谁在乎呢？

论年龄，我不是最年长的。

这又有什么关系呢？

但是，至少对你们地球人来讲，

我是最重要的。

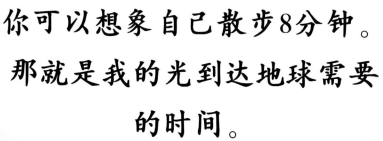

你可以想象自己散步8分钟。
那就是我的光到达地球需要
的时间。

是我，给你带去光和热。
我很乐意效劳，你不要客气。

为了表示我的重要性，地球人用
我来命名一周中的一天，
那就是，星期日——Sunday。

星期日

大家都知道我的光和热至关重要。但其实，我在维系太阳系这个大家庭的关系中，也扮演着重要的角色。太阳系中的星球都紧紧团结在我周围。

科学家们把我的这个能力称为 “引力”。
要我说啊，

其实就是行星们深深地被我吸引，没我不行。

作为太阳系的中心，大家都围着我转。

海王星

海王星年≈60152
地球日

土星

土星年≈10753
地球日

天王星

天王星年≈30664
地球日

太阳

金星
金星年≈225
地球日

水星
水星年≈88
地球日

地球
地球年≈365
地球日

火星
火星年≈687
地球日

木星
木星年≈4328
地球日

瞧，大家全都没按照同一个方向围着我转。

其他的恒星距离地球都太远了，
所以你会觉得它们看上去很小，似乎也没那么重要。
我离地球比较近——大约**1.5亿千米**。
从地球上看，我大概就是这个样子。

但是，假如海王星上有人生存，那么对海王星人来讲，
我有大约**45亿千米**那么远。
从海王星上看我，我大概就这么一点儿大。
（根据目前已知情况，海王星上并没有生命。）

理论上讲，我是一颗黄矮星。

身 份 证

姓名：太阳

类型：黄矮星

出生日期：很久以前

G型-银河系

等离子体捐献者

但实际上，我可一点儿都不矮，我很高大。

你可以把我想象成一个篮球，那么地球跟我相比，就比一粒小小的沙子还小。

你可以在我的身体里塞下130万个地球。

不过，你没办法真的把地球塞进我的
身体，因为我的温度太高了。
对比一下，你就能明白：

比萨烤炉：

371.1℃左右

炎热的夏天：

35℃

熊熊燃烧的篝火

温度最高的橙黄色火焰：

1093.3℃左右

我！

我的表面温度约为5500℃，可以熔化钻石！

我！

我的中心温度可达
15000000℃。

以前，地球人认为我在绕着
地球转。你能想象吗？
我，绕地球转？

木星

天王星

土星

金星

地球

火星

月球

海王星

水星

太阳

还有人认为我夜以继日、一动不动地"坐"在天上。
但实际上，我并不是静止不动的，
而是一直在自转。

我不是固态的，所以我的中间部分
比我的两端部分转得快。

大概25个地球日转一圈

大概36个地球日转一圈

你在家里可不要学我这样转哦！

除了对你们的生活至关重要，
我既慷慨又美丽。

日出　　　　　　　日落

北极的极光　　　　　　　南极的极光

请你坐好，尽情欣赏我的"光之秀"吧！

有时候，我会扮神秘，一部分或者全部消失几分钟。

那就是人们说的日食！

别担心，我不过是躲到了月亮的后面。

论个头大小，我比月球大400倍。
我到地球的距离是月球到地球距离的400倍。

比邻星、半人马座阿尔法A星、半人马座阿尔法B星；
我的恒星邻居的名字都很特别，对吧。

记住我，只需要三个字母。

一个S！

一个U！

一个N！

拼在一起是什么？SUN！ 太阳！

太阳，太阳，我们的恒星。发光，发热，远远地照耀。

不需要聚光灯，我自带光芒。
从古至今，我一直如此，从没改变。

恒星爆炸

太阳新闻

宇宙新闻

信心崩

特别

彻底瓦解

银河系信报

宇宙新闻 宇宙新闻

12 CEN

稳定，是优秀恒星的重要品质。你绝对不想你的太阳忽冷忽热吧，如果那样，你的日子可就惨了。

所以，请戴好你的墨镜。

我打算继续工作50亿年。
你跟我，一定会共同拥有更美好的未来！

亲爱的读者朋友：

我爱我们的太阳，我觉得它值得拥有姓名。叫他什么呢？"最重要之星"或者给它起一个绰号叫"没你不行先生"？没有太阳，我们赖以生存的地球也就不可能存在。没有了地球，那巧克力、薯片、曲奇、漫画书、毛茸茸的小狗……这些我深深喜爱的东西也就不会存在。所以我必须对太阳说："谢谢你！谢谢你带给我的光、热和能量。谢谢你的引力让地球跟滚烫的你保持了完美的距离。如果离你太近，我们就会被烤焦；太远也不行，我们就会被冻僵。优秀的你，一千亿里挑一！"

你忠实的朋友

斯泰西·麦克诺蒂

作家，地球人

另： 科学家们仍在不断探索着未知的宇宙。随着科技的发展，我们对宇宙的探究也越来越深入。这一切尝试都是为了给你带来更准确的数字和信息。为了保证本书内容的准确，我们检查了一遍又一遍。但如果未来有一天，你听到某个天体物理学家发布了更新的消息，你不要觉得诧异，只要把最新的信息记在这本书上就好……哦，如果书是从朋友那里或者图书馆借的，你可不能在上面乱写哦。最好的办法是把最新数据写在一页纸上，夹在书里。谢谢你的理解！

太阳访谈

问： 你最喜欢哪颗行星？提醒你哦，这本书大概率是地球人在读哦。

答： 这个问题就好比问一个人最喜欢自己的哪一根手指头一样。在我看来，每一颗行星都很独特，所以我并不会更喜欢哪一颗。跟我相比，它们十分弱小，毕竟从质量上来看，我自己就占据了整个太阳系的99.8%。

问： 你已经闪耀了差不多46亿年了，而且，据推测，你还将继续闪耀至少50亿年，是什么让你一直保持着这样的活力呢？

答： 我喜欢运动，就像你在这本书中读到的一样，我一刻不停地在自转。大概每隔11年，我的磁极会翻转28圈，正极变负极，负极变正极。这引起了惊人的太阳风暴。我也带着地球和我的其他行星绕着银河系旋转。绕银河系旋转一圈的确需要很久，大概2.3亿年吧，那可是一趟漫长的旅程。

问： 从外面看，你就像一个巨大的火球。你到底是由什么构成的呢？

答： 大部分是氢元素，还有一部分氦元素。

问： 如果让地球小朋友画一幅你的肖像，你希望他们用什么颜色呢？

答： 理论上讲，我是一颗黄矮星。在太空里没有大气的情况下，我其实是白色的。不过，没有我，地球人将什么颜色都看不到，会陷入一片漆黑。所以，小朋友们用什么颜色，我都不介意。我只想提醒大家，一定要给我画上闪耀的光芒，那才是我真正的样子。

问： 最后一个问题，你对读者有什么建议吗？

答： 当然有。永远不要直视我，即使是在发生日食的时候，因为我的光芒会灼伤你们地球人的眼睛。再者，就是请吃光你盘里的蔬菜——不要忘记，是我辛苦地让它们长大，然后它们才能以不同形式摆放到你的餐桌上。

"数" 说太阳

年龄: 科学家们推测太阳大概有45亿到46亿岁。如果太阳过生日,那么蛋糕上就要插许许多多的蜡烛。

半径: 半径是指球形中心到球表面的距离。

     太阳半径≈696300千米

     地球半径≈6371千米

     月球半径≈1738千米

质量和体积: 质量是指一个物体所包含的物质量。体积是指一个物体所占的空间量。一个装满水的气球和一个装满空气的气球,它们的体积是一样的,但是装满水的气球质量更大,也更好玩。

     太阳的质量≈1.989×10^{30}千克

     地球的质量≈5.9765×10^{24}千克

     从质量的角度对比,太阳约是地球的33万倍。

     太阳的体积≈1.412×10^{18}立方千米

     地球的体积≈1.083×10^{12}立方千米

     从体积的角度对比,太阳约是地球的130万倍。

距离: 地球到太阳的距离是变化的,因为地球绕太阳旋转的轨道并不是一个正圆形,而是一个椭圆形。地球和太阳之间的平均距离约为1.5亿千米。在天文学上,我们也可以把这个距离说成1AU。

各行星与太阳之间的距离:

     水星≈0.38AU   土星≈9.54AU

     金星≈0.72AU   天王星≈19.22AU

     火星≈1.52AU   海王星≈30.06AU

     木星≈5.2AU   冥王星(不是行星)≈39.5AU

构成: 天文学家们告诉我们太阳是由67种元素构成的。但太阳的大部分都是氢元素和氦元素。

     氢原子约占91.2%

     氦原子约占8.7%

     其他元素原子约占0.1%

原子是构成一般物质的最小单位。

我们的太阳系:

1颗恒星(我们的太阳!)

8颗行星

5颗矮行星(包括可怜的冥王星)

至少157颗天然卫星

数量众多的小行星、彗星和流星

一个你(所以独一无二的你也同样举足轻重!)